U0008386

自宅的四季奶茶時光

用奶茶和茶點打造屬於自己的悠閒生活提案

慵懶的下午2點，要來杯好喝的奶茶嗎？

序 Prologue

我在學生時期的時候還不太會喝咖啡,所以如果跟朋友去咖啡館,常常一個人點咖啡以外的其他飲料。那時總是用羨慕的眼神看著像成熟大人一樣可以喝咖啡的朋友。沒想到因此遇見的紅茶,卻為我展開了新的世界。

我喝著有花香、水果香的各式紅茶,並深深陷入了它們的魅力之中。第一次喝到在紅茶中加入牛奶的奶茶時,感受到的是與紅茶截然不同的魅力,是一次新鮮的衝擊。當初喝的那杯奶茶,那溫暖濃郁的滋味到現在彷彿還在我的口中綿延不絕。

自從我開始喝茶之後,便越來越渴望進一步了解茶;對於茶的知識累積得越多,就越積極尋求喝到美味好茶的方法。於是,我不知不覺開始開發咖啡館的食譜,甚至還開起了教育課程。現在我藉由課程遇見了許多開咖啡館或想要創業的朋友,並在向他們介紹各式各樣的茶飲過程中,感受到了無比的喜悅。

隨著人們對於茶的關心日漸增高,許多咖啡館也開始主打茶飲作為招牌。而消費者們在接觸各式茶葉飲品之後,也開始有越來越多人想在自己的家裡打造一個能好好喝茶的café。

不過，現在許多咖啡館推出的奶茶，跟我在學生時期喝到的味道、感覺都截然不同，因此我很想把當時喝到的滋味介紹給更多人。這個念頭還在腦海裡打轉的時候，我就接到了出書的提議──為那些想在家中打造 home café 的人，寫一本奶茶的專書。

因此《自宅的四季奶茶時光》就這樣誕生了，內容收錄了在家也能輕鬆製作的各種奶茶，以及用奶茶製作的茶點。以前只有去咖啡館才能吃到，或者很難接觸到的奶茶及茶點，現在都可以在家和家人、朋友一起盡情享用了。能向各位介紹這些內容，我真的覺得意義非凡，心情非常激動。

不管是誰，只要對 home café 有興趣，都能跟著這本書的內容輕鬆作出每個品項，希望各位也能跟我一起感受自煮奶茶的樂趣。

最後，雖然有點害羞，我想對給我這麼棒的機會，讓我的第一本書得以上市的時代人出版社，以及一直在我身邊，毫不吝惜為我加油打氣的家人們說聲謝謝。還有在我寫稿時，儘管病了卻在我身邊給我莫大力量，現在已經成為星星的 Mong-i，我要把這本書獻給你。

Lilians 李周弦

目　次
C o n t e n t s

Part
1　奶茶的基礎

Part
2　奶茶食譜

Part
3

茶點食譜

奶茶的故事 about milk tea

在紅茶中混入牛奶的奶茶（milk tea），現在已經成為在任何地方都能經常接觸到的飲品了。奶茶的作法有很多種，其中之一是在泡好的溫熱紅茶中加入牛奶和砂糖，也有將牛奶跟紅茶一起加熱煮滾的作法。

關於奶茶的起源，雖然有各式各樣的說法，但哪個是正確的則不得而知。不過許多國家都有將茶與乳製品混合飲用的文化，形式非常多元。推測今天的奶茶便是由此演變而來。蒙古與西藏受到環境條件與營養補充需求的影響，於是有將牛、羊的乳汁加入茶和奶油飲用的飲食文化；英國等歐洲國家，為了使中國進口的茶喝起來更柔和，便加入牛奶飲用，奠定奶茶成為大眾化茶葉飲品的地位。英國的奶茶傳到印度之後，為了減少昂貴茶葉的用量，希望只加入少許茶葉也能喝起來很濃郁，便將牛奶、茶葉和辛香料混合熬煮，如此便誕生了香料奶茶。印度的香料奶茶流傳到幾個氣候炎熱潮濕的東南亞國家之後，他們用煉乳取代容易腐敗的牛奶，為了降火解熱而加入冰塊，發展成冰奶茶。韓國隨後也引進英國的紅茶文化，人們開始愛上奶茶，隨著海外觀光客越來越多，自然在韓國也能喝到各個國家的奶茶了。

奶茶就像這樣，是個長久以來都在許多國家受到眾人喜愛的飲品。現在要向各位介紹在家也能輕鬆製作享用的各式奶茶作法，大家準備好要愛上奶茶了嗎？

閱讀須知 note

· 本書使用的工具與材料，都是只要上網搜尋名稱，
  就能輕易購買到的品項。

· 「Part 2. 奶茶食譜」中介紹的飲品與材料份量以1
  杯為基準。材料的份量可以根據杯子的大小和個人
  的喜好做適度調整。

· 「Part 2. 奶茶食譜」中使用的糖漬果蜜、果醬、糖
  漿等材料，請參考「奶茶基底食譜（p.32）」先行
  製作。

· 「基礎奶茶食譜（p.44）」是將收錄在本書中的奶
  茶依作法分類後，分為六種基礎食譜介紹。推薦在
  製作以其為基礎的奶茶之前，可以選擇自己想要的
  茶，按部就班地跟著做，熟悉奶茶的作法。

· 「Part 2.奶茶食譜」中的「櫻花拿鐵（p.58）」、「艾
  草拿鐵（p.60）」、「洋甘菊蜂蜜拿鐵（p.62）」是
  不含咖啡因的飲品，所以也很適合小孩或不能攝取
  咖啡因的人飲用。

煮出美味奶茶的秘訣 special tip

- 茶葉開封之後，香氣會漸漸變淡，因此建議購買少量包裝的產品。茶葉也容易受光線和濕氣影響，所以要記得裝在可密封的容器裡，放在不會照到光、陰暗且乾燥的地方保存，並盡快使用完畢。

- 要用來製作奶茶的茶葉，建議盡可能選擇泡起來味道較濃厚的種類。因為將茶和牛奶混在一起時，茶的香氣和味道可能會被牛奶蓋過去。因次建議各位先用熱水試泡各種茶類，嘗看看味道。

- 茶葉依照葉片大小的不同，浸泡速度、味道、濃度都不一樣。在相同浸泡條件下，葉片越小的茶，越能快速泡出濃厚的滋味，因此若茶葉太大片，可以稍微切碎一點，就能泡出更濃厚的味道。但務必注意，若用了太細碎的茶葉，就會不好過濾，可能會殘留碎渣，影響奶茶的味道。

- 用碎茶製成的茶包，比茶葉外形完整的原片茶葉（Whole Leaf）能更快速泡出濃郁的味道。因此如果想用茶包取代原片茶葉，茶的用量只要減少到原來的一半；相反地，如果要用原片茶葉取代茶包，茶葉的量就要增加到原本的 2 倍。

- 若將茶葉加入牛奶或水，以熬煮的方式製作奶茶，那麼之後只需浸泡短時間。因為茶葉的滋味和香氣，在煮的過程中就會充分釋出，甚至有時候根據狀況就不需浸泡了。若需浸泡，泡得太久會讓茶葉散發出苦澀的味道，影響到奶茶的風味，務必要小心。

- 熬煮製成的奶茶，需在室溫下徹底放涼後再冰進冰箱，之後就可以享用冰涼的奶茶。但牛奶的蛋白質在冷卻過程中凝固後，表面會產生一層薄膜，這層膜會導致喝起來的口感不佳，建議去除。若在奶茶溫度還沒下降時就先撈除，之後又會重新出現，所以要等完全冷卻後再去除薄膜。

- 如果要在奶茶中加入冰塊飲用，要選擇尺寸較大、較堅硬的冰塊，才能一直到最後都喝得到濃郁的奶茶滋味。如果冰塊太小或才剛結凍不久，冰塊很快就會融化，導致奶茶變淡。

- 製作點心的奶茶要選用味道和香氣都很濃厚的品項，如此一來跟其他食材混在一起之後，才能確實感受到奶茶的滋味。所以不要使用單純浸泡茶葉，或在牛奶中加入紅茶糖漿、紅茶粉末作成的奶茶，建議選擇直接用牛奶或水熬煮茶葉製成的濃郁奶茶。

Part 1

奶茶的基礎

在此介紹製作奶茶之前的基礎須
知。一起認識製作奶茶時用到的
工具、材料,學習可以讓奶茶滋
味變得更豐富的基底食譜,以及
製作奶茶的六種方法吧!

工具與材料
tools and ingredients

在這裡介紹的是製作奶茶會用到的工具和材料。讓我們一起來仔細了解各種製作美味奶茶時所需的工具，以及滋味各有不同的茶葉和香草等材料吧！

工具 tools

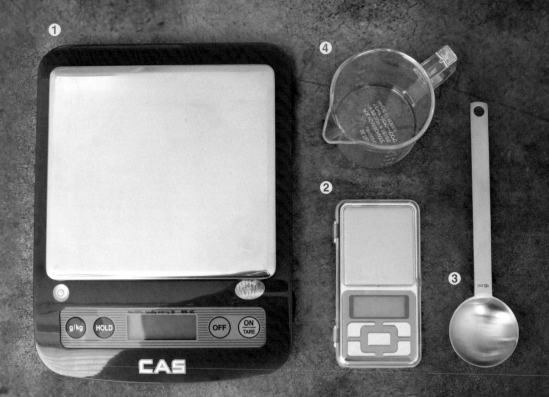

① 電子秤
以1g為測量單位的電子秤,用來測量相對較重的食材。

② 微量秤
以0.01g為測量單位的電子秤,用來測量茶葉等重量較輕的食材。

③ 量匙
測量少量液體或粉末時使用。一般來說1Ts(1大匙)
是15ml,1ts(1茶匙)是5ml。

④ 量杯
測量相對較多的液體食材時使用。

⑤ 快煮壺
在泡茶或要使用熱水的情況下，可以迅速將水煮滾，非常方便。

⑥ 牛奶鍋
將茶葉放進牛奶中熬煮，或製作糖漿、醬汁時會用到的鍋具。底部比一般鍋子更薄，所以導熱較快，熬煮時可以保持食材的風味與香氣，也不容易把牛奶煮焦。

⑦ 耐熱攪拌刮刀
需要攪拌溫度較高的液體時，建議使用耐熱的攪拌刮刀比較安全。

⑧ 計時器

在熱水或熱牛奶中泡、煮茶葉時，如果時間過長，可能會讓茶變得苦澀或具有不好的味道，香氣也會流失，所以要使用計時器正確計算時間。

⑨ 濾茶器

茶湯萃取完畢之後，用來過濾茶葉。

⑩ 茶包夾

茶包泡完之後，用來將茶包中剩餘的茶湯輕輕擠出。

⑪ 茶碗與茶筅
　　裝茶的碗稱為茶碗，刷茶的工具稱為茶筅。兩者是將粉茶在水中攪散，
　　用來刷出泡沫時使用。

⑫ 攪拌長匙
　　將液體食材均勻混合時使用。

⑬ 電動奶泡器
　　用來將牛奶打出奶泡，或者打發少量鮮奶油時使用。我用的是大創買的
　　迷你奶泡器。如果要打發量比較多的鮮奶油，建議使用手持攪拌器。

⑭ 奶泡杯
　　用來將牛奶打出奶泡、打發鮮奶油，以及混合液體材料時使用。打發時
　　要使用比液體的量至少多出3倍容量的奶泡壺，才不會滿出來。

材料 ingredients

祁門紅茶

世界三大紅茶之一，產自中國安徽省，以散發出柔和甜蜜的巧克力香氣著稱。祁門紅茶的獨特香氣和優雅柔和的滋味，很適合拿來製作甜甜的奶茶。

阿薩姆CTC（Assam CTC）

產自印度的阿薩姆地區，帶有甜蜜的蜜香、沉穩的麥芽香氣及香料調性，香氣彼此融合得相當協調，在適合製成奶茶的紅茶中，阿薩姆佔據了最具代表性的位置。因為茶葉經過CTC製程＊，所以可以在短時間內沖泡出濃郁的茶湯。

＊ CTC製程：是「Cruch Tear Curl」的簡稱，指將撕碎的茶葉捲起或揉捻成小粒的工法。

焙茶

將綠茶茶葉焙煎後製成的茶，香氣十足，並且帶有煙燻的濃香，幾乎沒有苦味或澀味，很適合拿來製作香濃的奶茶。雖然是日本茶，但近年韓國也有生產，很容易買到。

烏龍茶

發酵程度介於綠茶與紅茶之間，具有果香、花香，甚至有類似椰奶、咖啡的沉穩濃香，香氣層次多元，能讓奶茶的味道更加豐富。要做成奶茶的烏龍茶，建議選用發酵＊和烘培＊工序處理較重，味道比較濃厚的類型。

＊ 發酵：在茶葉加工過程中，多酚和酵素反應後會轉變為其他成分，是決定茶葉味道和香氣的重要關鍵。

＊ 烘焙：茶葉製成後再加熱，讓味道和香氣得以長久保存。

英式早餐茶（English Breakfast）
英國傳統的早餐專用茶，味道和香氣都屬
強烈，以多個產區的紅茶調配而成。因為香
氣、滋味濃郁，很適合用來喚醒早晨，紅茶
的風味也很明顯，適合製成奶茶。

栗子紅茶（Marron Tea）
以產自斯里蘭卡高原地帶的茶葉調配，並
加入栗子香氣的調味紅茶。這是一款香氣十
足，且能品嘗到淡淡甜味的紅茶，適合用來
製作溫熱的奶茶。

仕女伯爵茶（Lady Grey）
茶的名字取自英國伯爵夫人瑪莉·伊麗莎
白·格雷之名，味道比伯爵茶更加柔和，剛
入門紅茶的人也能輕鬆享用。這種茶是在中
國紅茶中加入橘子、檸檬的外皮，以及矢車
菊，散發出清新又柔和的滋味。也很適合再
加入其他香草或具有花香的食材，拿來作成
溫潤而香氣四溢的奶茶。

抹茶粉

抹茶是一種在收成後，直接以蒸的方式使茶葉乾燥，最後以石磨磨成細粉的粉茶。跟綠茶粉比起來，味道、香氣與顆粒都有所不同，因為抹茶更加濃郁，就算加入牛奶，也能品嘗到濃厚的茶味。而且泡茶的方式並非浸泡，而是直接飲用，所以能夠吸收到更多茶葉的營養成分。

艾草粉

艾草能夠促進血液循環，取其嫩葉乾燥後磨成細粉，便能作為粉茶飲用。也很適合拿來代替抹茶粉。艾草粉的味道沒有抹茶粉來得苦，適合用來製作味道柔和的奶茶。

甜菜根粉

甜菜的原產地是南歐的地中海地區，從古羅馬時代起就一直被當成食用植物，是一種生長能力很強的植物。近年來甜菜被視為一種健康食品，甜菜根粉也被拿來作為飲品的原料，能讓奶茶的顏色變得更漂亮。

玫瑰茶

玫瑰帶有優雅的香氣，它可以舒緩緊張，美膚效果也很有名。想要度過華麗的一天時，最適合製作一杯散發淡淡玫瑰香氣的奶茶來喝了。

薰衣草茶

薰衣草的名字是從拉丁文的「洗滌」而來，由此可知它從很久以前就被用來當成沐浴的材料。薰衣草有殺菌、抗菌作用，還能舒緩不安、緊張及焦慮，甚至有安穩助眠的效果。

迷迭香茶

迷迭香大量生長在歐洲的海岸邊，它的學名來自於「海洋的露水」。迷迭香可以幫助身體增添活力，增強記憶力與思考能力，所以又被稱為「回春藥草」。

薄荷茶

薄荷有著清新的香氣，是能改善消化不良、鎮定腸胃不適方面的優秀香草。想轉換一下心情時，也很適合在奶茶中加入薄荷。

調味紅茶包

這些是在紅茶中加入各式香氣，讓紅茶滋味更加豐富的調味紅茶包。可以依照個人喜好選擇調味紅茶，作出特別的奶茶。本書中使用了巧克力紅茶、聖誕（肉桂）紅茶、蘋果紅茶，以及藍莓紅茶的茶包。

牛蒡茶包

將牛蒡蒸熟後乾燥製成，是含有豐富皂素的茶。想作出香醇的奶茶時，也很適合使用牛蒡茶。

洋甘菊茶包

洋甘菊的名字意為「地上生出的蘋果」，著名的功效有溫暖身體、消解身心疲勞，還有促進消化等等。因為它散發出甜美的花香，能舒緩身心，很適合在一天的辛勞結束後，用它製作晚上飲用的奶茶。

牛奶

奶茶的主原料就是牛奶。用全脂牛奶作成的奶茶，滋味
香濃柔滑；用低脂或零脂牛奶作成的奶茶，味道則會更
加清爽。本書中使用的是脂肪含量3.6%的一般牛奶。

核桃花生豆漿

有些人喝牛奶會肚子不舒服或者消化不良，建議可以用
豆漿來取代牛奶。如果想要作出味道更加香濃的奶茶，
可以使用含有核桃和花生的豆漿，能讓香醇滋味加倍
哦。

杏仁奶

杏仁奶比一般牛奶卡路里更低，用來代替牛奶的話，就
能作出無須擔心熱量的奶茶。

白糖

將甘蔗中萃取的原料糖精煉後製成的砂糖，帶有純淨的甜味。既不會干擾奶茶主材料的味道，對成品顏色的影響也不大。

黃糖

跟白糖一樣都屬於精製糖，不過礦物質含量比白糖更豐富，顏色和香氣也更重，製作奶茶時可以讓味道更加豐富。

非精製糖

未經過精製處理的蔗糖，有著自然色澤，能品嘗到甘蔗原始的風味，可以作出滋味單純而簡單的奶茶。

黑糖

保留甘蔗原糖中的糖蜜製作而成，帶有獨特的風味。製作奶茶時保留黑糖的味道，就能喝出獨特風味。

奶茶基底食譜
milk tea base recipe

向各位介紹能讓奶茶味道變得更多采多姿的奶茶基底食譜。
用水果、香草等各種食材作成奶茶的基底，不僅可以輕鬆保
存，製作奶茶時也很方便。

阿薩姆牛奶

芒果奶茶（p.70）/ 楓糖牛蒡奶茶（p.80）/ 黑糖奶茶（p.84）/
覆盆子奶蓋茶（p. 92）/ 奶茶豆花（p.138）

材料

阿薩姆CTC 5g / 牛奶250ml

作法

1 在牛奶鍋中放入茶葉和牛奶，均勻攪拌使茶葉充分浸潤。

2 將1以小火加熱，待牛奶鍋邊緣開始出現小氣泡，茶葉舒展開來之後，稍微再煮一下，之後關火浸泡5分鐘。

> **tip** 如果將牛奶煮得太滾，冷卻時會產生薄膜，讓奶茶喝起來口感不佳，所以只要煮到牛奶是溫熱的即可。

3-1 用濾茶網篩過濾泡好的茶葉，將奶茶倒入杯中飲用。

3-2 用濾茶網篩過濾泡好的茶葉，將奶茶倒入瓶中，在室溫下完全放涼後放入冰箱冷藏保存。

芒果蜜

芒果奶茶（p.70）/ 芒果抹茶拿鐵（p.72）

材料

芒果1顆 / 砂糖200g

作法

1　取出芒果的種子，將果肉切成2cm左右大小。

2　將切好的芒果和砂糖放入攪拌機容器中，蓋上蓋子，搖晃使其均勻混合。

3　用攪拌機均勻攪碎成泥，芒果蜜完成。

4　將芒果蜜放入以熱水煮過消毒的密閉容器中，在室溫下靜置30分鐘～1小時，等砂糖完全融化，之後放入冰箱冷藏保存。

tip→4

用熱水消毒玻璃容器的方法：將玻璃容器開口朝下，垂直放進鍋內，再倒入冷水，水量約淹過玻璃容器的一半，開大火煮滾即可。消毒後的玻璃容器，開口朝上靜置，使其自然乾燥。

1

2

3

4-1

4-2

柚子蜜

早安柚子奶茶（p.94）

材料

柚子 2 顆

砂糖（柚子處理乾淨之後，柚子份量的1/2）

蜂蜜（柚子處理乾淨之後，柚子份量的1/2）

譯注

韓國的柚子與台灣的文旦品種不同，尺寸較小、外皮薄呈鮮黃色，因為果肉酸苦基本上不會直接食用，大多用來製成柚子茶，因此在使用台灣文旦的情況下建議適度減少糖量。

作法

1 將柚子徹底洗乾淨後，分開果皮與果肉，並去除種子。

2 將柚子皮切成細絲，果肉則和砂糖一起放入攪拌機中均勻攪碎。

3 在大碗中放入柚子皮細絲、攪碎的果肉及蜂蜜，均勻攪拌後裝進熱水消毒過的玻璃密閉容器。

> **tip** 熱水消毒玻璃容器的方法請參考 p.35。

4 在室溫下靜置一天左右，之後放入冰箱冷藏保存。

5 等砂糖完全溶化，柚子皮變軟，感覺入味即可使用。

藍莓醬＆覆盆子醬

────────●────────

藍莓奶茶（p.74）/ 覆盆子奶蓋茶（p.92）

材料

| **藍莓醬**｜ 冷凍藍莓100g / 砂糖50g / 黑醋栗利口酒5g
| **覆盆子醬**｜ 冷凍覆盆子100g / 砂糖50g / 覆盆子利口酒5g

作法

1　在大碗中放入冷凍莓果，加入砂糖後均勻攪拌，一直攪拌到果汁釋出，充分浸潤砂糖為止。

2　將1放進牛奶鍋中，用小火一邊攪拌一邊熬煮，煮到砂糖完全融化。

3　關火，倒入利口酒，均勻攪拌使酒精成分揮發。

4　蓋上蓋子或包上保鮮膜，置於室溫下完全放涼。

5　將莓果醬裝進熱水消毒過的玻璃密閉容器，放入冰箱冷藏保存。

tip→5
熱水消毒玻璃容器的方法請參考 p.35。

1-1

1-2

2

3

4

5

甜菜糖漿

———— ● ————

櫻花拿鐵（p.58）

材料

甜菜根粉 10g / 砂糖 50g / 熱水 100ml

作法

1　將甜菜根粉與砂糖放進耐熱容器中，再注入 95～100°C 的熱水，均勻攪拌至砂糖完全溶化。

> **tip** 也可以用草莓粉或覆盆子粉代替甜菜根粉，做出紅色的糖漿。

2　等砂糖完全溶化後，放在室溫下徹底冷卻，再裝進熱水消毒過的玻璃密閉容器，放入冰箱冷藏保存。

> **tip** 熱水消毒玻璃容器的方法請參考 p.35。

薑汁糖漿

迷迭香烏龍薑汁奶茶（p.86）

材料

生薑 2 塊 / 砂糖 100g / 水 100ml

作法

1　去除生薑外皮，再把薑切成薄片，泡在冷水裡約10分鐘，去除澱粉。

2　將砂糖和水放進牛奶鍋中，用小火一邊攪拌一邊熬煮，煮到砂糖完全融化。

3　把泡在水裡的生薑撈起來，放進牛奶鍋中再煮1分鐘。

4　關火，蓋上牛奶鍋的蓋子或包上保鮮膜，置於室溫下完全冷卻。

5　以濾網過濾薑片，將薑汁糖漿裝進熱水消毒過的玻璃密閉容器，放入冰箱冷藏保存。

tip 熱水消毒玻璃容器的方法請參考 p.35。

玫瑰糖漿 & 薰衣草糖漿 & 蘋果薄荷糖漿

蘋果玫瑰奶茶（p.82）/ 倫敦之霧奶茶（p.68）/ 蘋果薄荷奶茶（p.76）

材料

| **玫瑰糖漿** | 玫瑰茶原料 3g / 砂糖 100g / 水 100ml
| **薰衣草糖漿** | 薰衣草茶原料 2g / 砂糖 100g / 水 100ml
| **蘋果薄荷糖漿** | 切碎的新鮮蘋果薄荷 2 根 / 砂糖 100g / 水 100ml

作法

1　將砂糖和水放進牛奶鍋中，用小火一邊攪拌一邊熬煮，煮到砂糖完全融化。

2　關火，加入花草材料，均勻攪拌。

3　蓋上牛奶鍋的蓋子或包上保鮮膜，置於室溫下完全冷卻。

4　以濾網過濾花草茶，用攪拌刮刀輕輕按壓，
　　將花草中的精華擠出。

5　將花草糖漿裝進熱水消毒過的玻璃密閉容
　　器，放入冰箱冷藏保存。

> **tip→5**
> 熱水消毒玻璃容器的方法請
> 參考 p.35。

黑糖糖漿

黑糖奶茶（p.84）／ 奶茶豆花（p.138）

材料

黑糖 150g ／ 水 100ml

作法

1　將黑糖和水放進牛奶鍋中，均勻攪拌。

2　將1用小火熬煮，煮到黑糖完全融化。

3　關火，蓋上牛奶鍋的蓋子或包上保鮮膜，置於室溫下完全冷卻。之後裝進熱水消毒過的玻璃密閉容器，放入冰箱冷藏保存。

> **tip**　熱水消毒玻璃容器的方法請參考 p.35。

英式早餐茶糖漿

蘋果薄荷奶茶（p.76）/ 早安柚子奶茶（p.94）

材料

英式早餐茶 10g / 水 150ml / 砂糖 100g

作法

1　在牛奶鍋中放入茶葉和水，均勻攪拌使茶葉充分浸潤。

2　將 1 用小火熬煮，煮到滾出大顆氣泡時，就可以關火。

3　加入砂糖，攪拌使其溶化後，繼續浸泡 5 分鐘。

4　以濾網過濾茶葉，用攪拌刮刀輕輕按壓，將剩餘的糖漿擠出。

5　置於室溫下完全冷卻後，裝進熱水消毒過的玻璃密閉容器，放入冰箱冷藏保存。

tip→5
熱水消毒玻璃容器的方法請參考 p.35。

基礎奶茶食譜
milk tea basic recipe

奶茶的作法有很多，本書中介紹的食譜大致可以分為六種。
在製作配方奶茶之前，準備好自己喜歡的茶類，跟著書中的
步驟一步一步動手作吧！

奶茶 I

古典奶茶（p.56）

風格　將熱紅茶倒進杯子，再加入牛奶飲用的英式傳統奶茶。

作法

1　在茶壺及茶杯中倒入滾燙熱水，先溫壺、溫杯後再將水倒掉。

2　將茶葉放進溫好的茶壺中，從距離壺蓋開口約 5～7cm 的位置注入 95～100°C 的熱水，之後浸泡 3 分鐘。

> **tip**　從高處注水，可以讓茶葉隨著水流的波動起舞，接觸到空氣，使香氣更加豐富。

3　以濾網過濾泡好的茶葉，將紅茶倒入杯中飲用。

4　可以在長時間浸泡出的濃厚茶湯中加入微溫的牛奶，享受溫和的滋味。也可以按照喜好加入方糖飲用。

奶茶 II

三種皇家奶茶（p.64）/ 迷迭香烏龍薑汁奶茶（p.86）/
栗子巧克力奶茶（p.88）/ 肉桂核桃奶茶（p.96）/ 聖誕奶茶（p.100）

風格　　在牛奶中放入茶葉，稍微熬煮後過濾製成的奶茶。

作法

1　　在牛奶鍋中放入茶葉和牛奶，均勻攪拌使茶葉充分浸潤。

2　　將 1 以小火加熱，待牛奶鍋邊緣開始出現小
　　　氣泡，茶葉舒展開來之後，稍微再煮一下，
　　　之後關火。接著加入砂糖、糖漿、果醬等，
　　　均勻攪拌使其完全溶化。

3　　依據使用的茶葉不同，浸泡 5～10 分鐘。一
　　　般而言紅茶是泡 5 分鐘左右，花草茶是 5～7
　　　分鐘，烏龍茶則浸泡 6～10 分鐘。

tip→2

如果將牛奶煮得太滾，冷
卻時會產生薄膜，讓奶
茶喝起來口感不佳，所以
只要煮到牛奶是溫熱的即
可。

1-1

2-1

2-2

3　　　　4-1

4-1　想喝熱奶茶，用濾網過濾
　　　泡好的茶葉，將奶茶倒入
　　　杯中飲用即可。

4-2　想喝冰奶茶，用濾網過濾
　　　泡好的茶葉，將奶茶倒入
　　　瓶中，在室溫下完全冷卻
　　　後再放進冰箱冰鎮飲用。

奶茶 III

————————●————————

洋甘菊蜂蜜拿鐵（p.62）/ 藍莓奶茶（p.74）/
楓糖牛蒡奶茶（p.80）/ 蘋果玫瑰奶茶（p.82）

風格 用熱水浸泡茶包後，加入打出奶泡的牛奶製成奶茶。

作法

1 在耐熱容器內放入茶包，注入95～100°C的熱水，之後浸泡5分鐘。

2 等浸泡出茶湯之後，將茶包撈出，輕輕擠一下。

3 將茶湯倒入杯子，加入砂糖或基底調味，均勻攪拌。

4 用微波爐將牛奶加熱40～50秒，再使用電動奶泡器打出奶泡。

5 把打成奶泡的牛奶倒入杯中，用湯匙將剩下的奶泡放上。

6 在奶泡上撒上裝飾用食材，完成。

tip→4

牛奶不要加熱到太燙，只要有熱即可。把牛奶倒入奶泡杯，將電動奶泡器放入靠底部的位置，打30秒之後再稍微上下移動，就能打出豐盛的奶泡。

奶茶 IV

倫敦之霧奶茶（p.68）／焙煎香料奶茶（p.98）

風格　　在牛奶或水中放入茶葉，煮滾之後再加入打成奶泡的牛奶，製成奶茶。

作法

1　在牛奶鍋中放入茶葉、水或牛奶，均勻攪拌，使茶葉充分浸潤。之後以中火加熱，煮到滾出大顆氣泡時，便可關火。

2　將茶倒入杯中，並用網篩過濾茶葉，之後加入砂糖或基底調味，均勻混合。

3　用微波爐將牛奶加熱40～50秒，再使用電動奶泡器打出奶泡。

4　把打成奶泡的牛奶倒入杯中，用湯匙將剩下的奶泡放上。

5　在奶泡上撒上裝飾用食材，完成。

tip→1
煮茶的同時，在杯中倒入熱水溫杯後，再把水倒掉。

tip→3
打奶泡的方式請參考p.48。

奶茶 V

艾草拿鐵（p.60）／芒果抹茶拿鐵（p.72）

| 風格 | 將粉茶在熱水中打散成茶，再加入打成奶泡的牛奶，製成奶茶。 |

1-1

作法

1-1 粉茶過篩後放進茶碗中，注入95～100°C的熱水，以茶筅刷茶，製造出細緻的泡沫。

1-2 將粉茶放進耐熱容器中，注入95～100°C的熱水，用電動奶泡器打出泡沫後倒入茶碗。

1-2

> **tip** 若粉茶沒有完全散開、有殘留結塊的話，可以再篩一次。

2 將牛奶微波加熱40～50秒，再使用電動奶泡器打出奶泡，倒入杯中，用湯匙將剩下的奶泡放上。

2-1

> **tip** 打奶泡的方式請參考 p.48。

3 用攪拌棒稍微攪一下奶泡，作出漩渦形狀。

4 在奶泡上撒上裝飾用食材，完成。

2-2

3

4

奶茶 VI

風格　　在基底混入牛奶的作法。

作法

1　先製作要用在奶茶（拿鐵）中的基底，待其完全冷卻，使用前都放在冰箱內冷藏備用。

2　把要用來當作基底的糖漿、果醬、糖漬果蜜等倒入杯中，如果要作冰飲，就再放入冰塊。

3　將牛奶或打出奶泡的牛奶倒入杯中。

4　在飲品上撒上裝飾用食材，完成。

Part 2
奶茶食譜

在此介紹各種應用奶茶食譜,分
為春、夏、秋、冬,收錄了每個
季節適合飲用的奶茶。讓你一整
年都可以享受到不同的美味!

春
Spring

和煦春風吹得讓人有些心癢癢的春天。
樹木冒出新芽，田間野花盛開，
生命萌發的瞬間讓人滿心喜悅。
窗外傳來展開新學期的孩子們玩耍的輕快笑聲，
從窗戶灑進室內的陽光也格外耀眼。
一邊享受著令人心動的春日，
一邊喝杯暖暖的奶茶吧！

classic milk tea

古典奶茶

HOT

香氣濃烈的英式早餐茶，熱熱地喝了幾杯之後，在偏濃的最後一杯茶中，
倒入香純的牛奶，就變成滋味柔和的奶茶，請一定要喝喝看。

材料　英式早餐茶 3g / 熱水 400ml / 牛奶適量

作法

1　在茶壺及茶杯中倒入滾燙熱水，先溫壺、溫杯後再將水倒掉。

2　將茶葉放進茶壺中，從距離壺蓋開口約 5～7cm 的位置注入 95～100°C 的熱水，之後浸泡 3 分鐘。

3　以濾網過濾泡好的茶葉，將紅茶倒入杯中飲用。

4　可以在長時間浸泡出的濃厚茶湯中加入微溫的牛奶，享受溫和的滋味。也可以按照喜好加入方糖飲用。

tip→2
從高處注水，可以讓茶葉隨
著水流的波動起舞，接觸到
空氣，使香氣更加豐富。

NOTE

· 請參照基礎奶茶食譜 I（p.46）。

· 如果一開始就想泡成古典奶茶飲用，可將水的量減半，浸泡出濃郁茶湯後加入牛奶飲用。

· 紅茶種類可依心情或情況自由選擇。例如早上喝滋味濃郁而強烈的「英式早餐茶」；中午喝柑橘香氣豐富，可以避免昏昏欲睡的「伯爵茶」；晚餐後可以喝味道清淡沉穩，又能清淨口氣的「威爾斯王子茶（Prince of Wales）」；晚上的話推薦不含咖啡因的「博士茶」。

· 推薦搭配巧克力蔓越莓司康（p.132）一起享用。表皮酥脆內層濕潤，奶油風味強烈的司康，加上 QQ 的蔓越莓和香甜的巧克力，跟口味柔和的古典奶茶味道非常搭。

cherry blossom latte

櫻花拿鐵

ICED

度過了春寒料峭，來到櫻花開始飄落的溫暖春日。
製作一杯如花瓣般的淡粉色櫻花拿鐵，一起分享讓人心動的春天故事吧！

材料　　甜菜糖漿20ml（p.38）/ 牛奶220ml / 冰塊適量 / 鹽漬櫻花1～2朵

作法

1　將鹽漬櫻花泡在溫水中，輕輕晃動去除鹽份。之後沖洗兩次，再放到廚房紙巾上稍微按壓，去除多餘的水分。

2　將甜菜糖漿倒入杯中，再放滿冰塊至杯子的2/3處。

3　用微波爐將牛奶加熱40～50秒，再使用電動奶泡器打出奶泡。

4　把打成奶泡的牛奶倒在冰塊上，用湯匙將剩下的奶泡放上。

5　在奶泡上放上鹽漬櫻花，完成。

NOTE

- 請參照基礎奶茶食譜 VI（p.51）。

- 我使用的是市售的鹽漬櫻花，只要搜尋「鹽漬櫻花」就能輕鬆在網路上買到。

- 紅色的甜菜糖漿和牛奶混合之後就會變成漂亮的粉紅色。也可以用草莓糖漿或覆盆子糖漿替代甜菜糖漿。

- 可以搭配鹹香的抹茶米香一起享用。鹽漬櫻花混入牛奶的淡淡鹽味和抹茶的微澀口感很搭，讓人回味無窮。

艾草拿鐵

HOT

過了讓青蛙從冬眠中甦醒的驚蟄之後，就能看見艾草欣欣向榮的樣子。
讓人回想起小時候在奶奶家前院摘艾草的溫柔時光。

材料　艾草粉 2ts / 鹽少許 / 熱水 50ml / 牛奶 100ml / 裝飾用艾草粉

作法

1　在茶碗（或奶泡杯）中放入艾草粉、鹽、95～100°C的熱水，再用茶筅（或電動奶泡器）打出泡沫後倒入杯中。

> **tip**　先在杯中倒入熱水溫杯後，再把水倒掉。

2　將牛奶微波加熱40～50秒，再使用電動奶泡器打出奶泡。

3　將奶泡倒入杯中，用湯匙將剩下的奶泡放上。

4　在奶泡上撒上裝飾用艾草粉，完成。

NOTE

· 請參照基礎奶茶食譜 V（p.50）。

· 艾草具有清血的效果，適合在沙塵暴或懸浮微粒 PM2.5 情況較嚴重的春季攝取。因為它可以增進血液循環、溫暖身體，因此也很適合怕冷的人享用。

· 艾草粉分成抹茶用、飲品用兩種，如果喜歡溫和的味道可以選擇抹茶用；喜歡喝濃郁一點，可以選購飲品用的艾草粉。

· 艾草拿鐵裡加入少許鹽取代糖，可以更強調出艾草的味道。

· 請試著在表皮酥脆、內裡Q彈的扭結捲麵包加入有鹽奶油，作成奶油扭結三明治，再搭配艾草拿鐵享用。這和艾草微澀而濃郁的滋味非常搭。

洋甘菊蜂蜜拿鐵

HOT

在適合開啟新事物的春天，試著訂些新計畫，並找到一些新的興趣。
一邊喝洋溢著溫暖氣息洋甘菊蜂蜜拿鐵，一邊開始你的春天吧！

材料 　洋甘菊茶包1個 / 熱水60ml / 蜂蜜1ts /
牛奶100ml / 裝飾用乾燥洋甘菊

作法

1　在耐熱容器內放入茶包，注入95～100℃的熱水，之後浸泡5分鐘。

2　等適當浸泡出茶湯之後，將茶包撈出，輕輕擠一下。再加入蜂蜜均勻攪拌後，將茶湯倒入杯中。

3　用微波爐將牛奶加熱40～50秒，再使用電動奶泡器打出奶泡。

4　把打成奶泡的牛奶倒入杯中，用湯匙將剩下的奶泡放上。

5　在奶泡上撒上裝飾用乾燥洋甘菊，完成。

NOTE

・　請參照基礎奶茶食譜III（p.48）。

・　洋甘菊有安定心神的效果，在壓力很大的日子，或因為考試等需要集中注意力的時候，可以泡一杯熱熱喝，能幫助你好好放鬆，徹底休息。

・　這邊示範浸泡的是以細碎花瓣製成的洋甘菊茶包（1g）。如果用的是直接保留花朵型態乾燥的洋甘菊茶，請把茶的用量增加到2g。

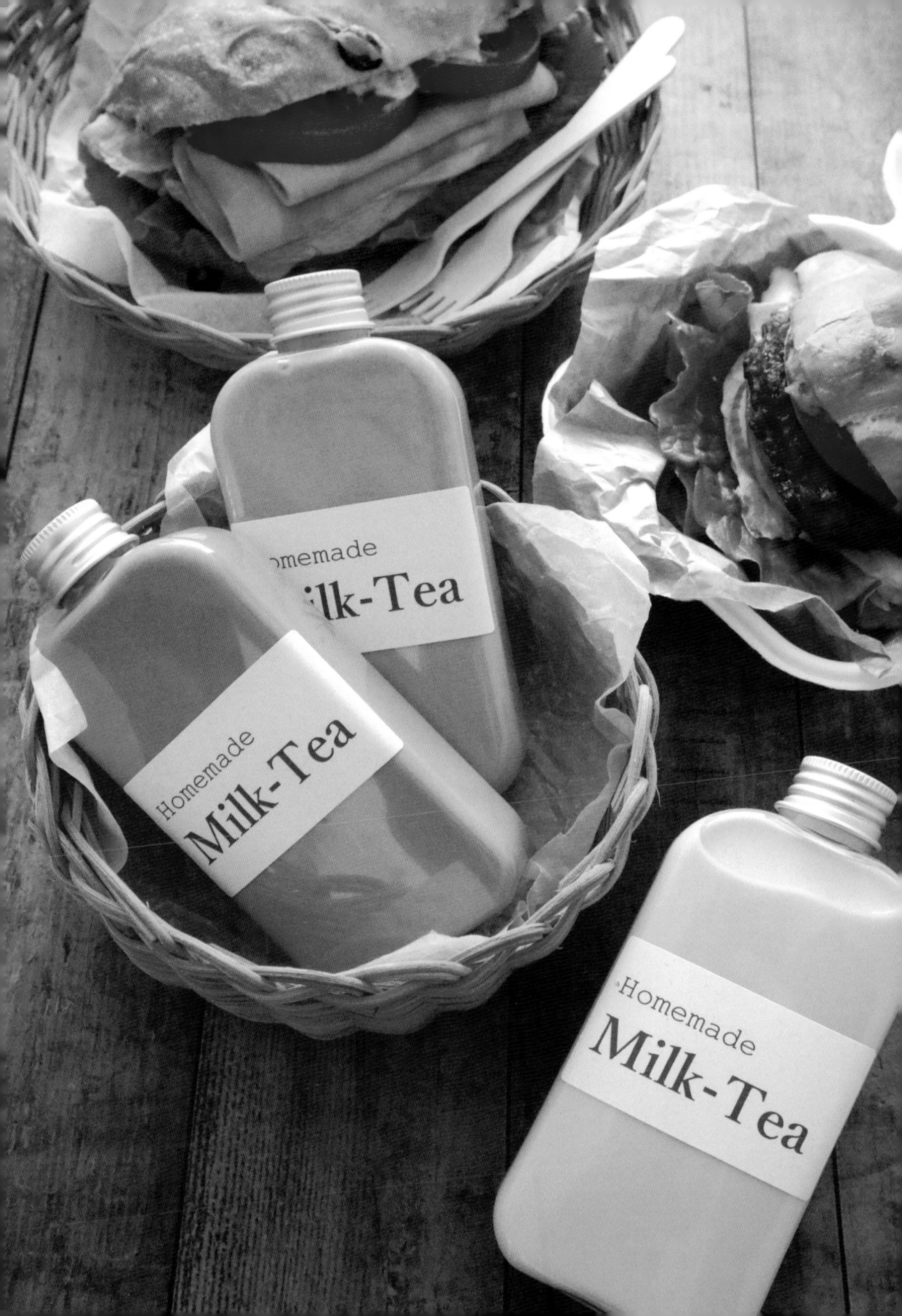
omemade
ilk-Tea
Homemade
Milk-Tea
Homemade
Milk-Tea

royal milk tea

三種皇家奶茶

HOT

製作濃郁的皇家奶茶，搭配放入鹹香火腿的三明治，
在春日和煦的陽光下來一場愉快的野餐如何？

材料

| **古典皇家奶茶** | 阿薩姆 CTC 5g / 牛奶 230ml / 黃糖 3ts

| **中式皇家奶茶** | 祁門紅茶 5g / 牛奶 230ml / 黃糖 3ts

| **臺灣皇家奶茶** | 烏龍茶 6g / 薄荷茶 1/3ts / 牛奶 230ml / 白糖 3ts

作法

1　在牛奶鍋中放入茶葉和牛奶，均勻攪拌使茶葉充分浸潤。

2　將 1 以小火加熱，待牛奶鍋邊緣開始出現小氣泡，茶葉舒展開來之後，稍微再煮一下，之後關火。

3　接著放入砂糖，均勻攪拌使其完全溶化，並浸泡茶葉 4～10 分鐘。

4　用濾網過濾泡好的茶葉，將奶茶倒入杯中，完成。

tip→1
煮茶的同時，在杯中倒入熱水溫杯後，再把水倒掉。

tip→3
紅茶雖然要濃一點，但又不能太澀，浸泡 4～6 分鐘即可；烏龍茶則因為茶葉縮得較小，要浸泡 6～10 分鐘，待其完全舒展開來。

tip→4
想喝冰的，可以將奶茶置於室溫下完全放涼，冷藏後再飲用。

NOTE

- 請參照基礎奶茶食譜 II（p.47）。

- 想用烏龍茶製作奶茶，要選擇發酵與烘培程度較重的品項，加入牛奶煮之後茶的味道才會夠濃。

- 薄荷有減緩消化不良的效果，可以去除牛奶的腥味。如果覺得牛奶不好入口，可以嘗試加入薄荷作成奶茶。

- 請搭配漢堡或火腿三明治享用看看。散發出濃郁茶味的皇家奶茶，最適合在吃過火腿等味道強烈的食物後飲用，可以讓口中感覺更加清爽。

夏
Summer

四處覆蓋著鮮綠色的夏季。
陽光變得熾熱，穿的衣服也漸漸清涼起來。
讓人想念涼爽微風的夏日，
用加了冰塊、沁涼香甜的奶茶，
讓身心清涼一下吧！

london fog milk tea

倫敦之霧奶茶

豐富的奶泡看起來就像壟罩倫敦的霧氣一樣，所以稱為「倫敦之霧」。
仕女伯爵茶的甜蜜柑橘香氣和薰衣草糖漿散發出的微香，是非常協調的組合。

材料　　仕女伯爵茶3g / 水50ml / 薰衣草糖漿15ml（p.40）/
　　　　　牛奶100ml / 裝飾用乾燥薰衣草花瓣

作法

1　在牛奶鍋中放入茶葉和水，均勻攪拌，使茶葉充分浸潤。

2　將1以中火加熱，煮到滾出大顆氣泡時，便可關火。

> **tip**　煮茶的同時，在茶杯中倒入熱水溫杯後，再把水倒掉。

3　用網篩過濾茶葉，將茶倒入杯中，之後加入薰衣草糖漿，均勻攪拌。

4　用微波爐將牛奶加熱40～50秒，再使用電動奶泡器打出奶泡。

5　把打成奶泡的牛奶倒入杯中，用湯匙將剩下的奶泡放上。

6　在奶泡上撒上裝飾用乾燥薰衣草花瓣，完成。

NOTE

・　請參照基礎奶茶食譜IV（p.49）。

芒果奶茶

ICED

將鮮香的夏季水果作成甜蜜的糖漬版本，
每天都享受各種不同風味的奶茶吧！

材料　　芒果蜜 50ml（p.35）/ 阿薩姆牛奶 150ml（p.34）/
　　　　　冰塊適量

作法

1　在杯中放入芒果蜜，並加入約占杯子 2 / 3 份量的冰塊。

2　不要破壞分層，在冰塊上倒入冰的阿薩姆牛奶，完成。

NOTE

- 請參照基礎奶茶食譜 VI（p.51）。

- 若要讓小孩或不適合攝取咖啡因的人飲用，也可以用一般牛奶取代阿薩姆牛奶，作成芒果拿鐵。

- 也請嘗試用其他糖漬水果代替芒果蜜，做成不同風味的水果奶茶吧！但酸味較重的水果因為酸性較強，可能會讓牛奶中的蛋白質凝固，要盡量避免使用。

芒果抹茶拿鐵

──── ICED ────

用鮮黃酸甜的芒果，搭配翠綠微澀的抹茶，
製作一杯在炎熱盛夏中能為你清爽解渴的芒果抹茶拿鐵吧！

材料　芒果蜜 50ml（p.35）/ 抹茶粉 1ts / 熱水 50ml / 牛奶 150ml
　　　　冰塊適量 / 裝飾用芒果 / 裝飾用蘋果薄荷

作法

1　在杯中放入芒果蜜，並加入約占杯子 2 / 3 份量的冰塊。

2　將抹茶粉放進耐熱容器中，注入 95～100°C 的熱水，用電動奶泡器打出泡沫。

3　不要破壞分層，在冰塊上倒入冰的牛奶，之後再倒入打好泡沫的抹茶。

4　在抹茶泡沫上放上切成小塊的裝飾用芒果和蘋果薄荷，完成

NOTE

·　請參照基礎奶茶食譜 V（p.50）。

blueberry milk tea

藍莓奶茶

ICED

試著用酸酸甜甜的藍莓醬和藍莓紅茶作成奶茶，
搭配塗上香草奶油的三明治餅乾，便可以享受更美味的午茶時光。

材料　藍莓紅茶茶包 1 個 / 熱水 50ml / 藍莓醬 50ml（p.37）/ 牛奶 150ml
冰塊適量 / 裝飾用藍莓 / 裝飾用蘋果薄荷

作法

1　在耐熱容器內放入茶包，注入 95～100°C 的熱水，之後浸泡 5 分鐘。

2　適度浸泡出茶湯後，將茶包撈出，輕輕擠一下，將茶完全放涼。

3　將藍莓醬放入杯中，並加入約占杯子 2 / 3 份量的冰塊。

4　不要破壞分層，在冰塊上倒入冰的牛奶，之後再倒入藍莓紅茶。

5　放上裝飾用藍莓和蘋果薄荷，完成。

NOTE

・　請參照基礎奶茶食譜 III（p.48）。

・　若要讓孩子或不適合攝取咖啡因的人飲用，也可以省略藍莓紅茶，只加入牛奶，作成藍莓拿鐵。

蘋果薄荷奶茶

ICED

用英國人早餐偏愛的英式早餐茶，
搭配清新涼爽的蘋果薄荷製成的糖漿，再加入牛奶製作而成。

材料　英式早餐茶糖漿 10ml（p.42）/ 蘋果薄荷糖漿 10ml（p.40）
　　　　牛奶 100ml / 冰塊適量 / 裝飾用蘋果薄荷

作法

1　將英式早餐茶糖漿和蘋果薄荷糖漿放入杯中均勻攪拌，再加入約占杯子 2 / 3
　　份量的冰塊。

2　將牛奶微波加熱 40～50 秒，再使用電動奶泡器打出奶泡。

3　把打成奶泡的牛奶倒在冰塊上，用湯匙將剩下的奶泡放上。

4　在奶泡上撒上裝飾用蘋果薄荷，完成。

NOTE

・　請參照基礎奶茶食譜 VI（p.51）。

・　蘋果薄荷帶有清新的蘋果香氣，可以促進消除疲勞，再搭配能提神的英式早
　　餐茶一起使用，就能做出適合早餐飲用的奶茶。除此之外它也能舒緩消化不
　　良，吃完太油膩的食物之後，很適合喝一杯熱熱的蘋果薄荷奶茶。

・　用茶葉和香草製作糖漿，就能更迅速方便地做出奶茶，糖漿也很適合裝瓶後
　　當成禮物送給親友。

秋
Fall

秋天是各種紅葉開始變色的季節。
清涼舒爽的風，
吹散了炎熱夏天的熱氣。
一邊喝著香氣四溢的溫熱奶茶，
一邊盡情感受濃郁的秋意吧！

楓糖牛蒡奶茶

HOT

當炎熱的夏季過去，五顏六色的紅葉開始在街道上蔓延開來的時候，
用香氣馥郁的楓糖和幫助身體恢復元氣的牛蒡，製作一杯美味奶茶吧！

材料　牛蒡茶茶包1個 / 熱水50ml / 楓糖漿10ml / 阿薩姆牛奶100ml（p.34）
　　　　裝飾用肉桂粉 / 裝飾用奶油鬆餅餅乾

作法

1　在耐熱容器內放入茶包，注入95～100°C的熱水，之後浸泡5分鐘。

> **tip**　泡茶的同時，在杯中倒入熱水溫杯後，再把水倒掉。

2　適度浸泡出茶湯後，將茶包撈出，輕輕擠一下，再將楓糖漿與茶湯混合，均勻攪拌後倒入杯中。

3　用微波爐將阿薩姆牛奶加熱40～50秒，再使用電動奶泡器打出奶泡。

4　把打成奶泡的阿薩姆牛奶倒入杯中，用湯匙將剩下的奶泡放上。

5　在奶泡上撒上裝飾用肉桂粉，再放上奶油鬆餅餅乾，完成。

NOTE

- 請參照基礎奶茶食譜 III（p.48）。

- 楓糖漿的顏色從亮黃色到濃重的南瓜橘色都有，顏色越淺，楓糖的風味就越淡；顏色越深，就有著越特殊的風味，請依照個人喜好選擇。

- 請搭配奶油鬆餅餅乾一起享用，楓糖和奶油的香氣很搭。

apple rose milk tea

蘋果玫瑰奶茶

HOT

水果女王——蘋果與花中女王——玫瑰的相遇，散發出更加優雅的氣息。
用飄著淡淡蘋果香的紅茶和散發玫瑰香氣的糖漿製作出奶茶，享受優雅的午茶時光。

材料 蘋果紅茶茶包 2 個 / 熱水 50ml / 玫瑰糖漿 10ml（p.40）
牛奶 100ml / 裝飾用迷你蘋果

作法

1　在耐熱容器內放入茶包，注入 95～100°C 的熱水，之後浸泡 5 分鐘。

> **tip** 泡茶的同時，在杯中倒入熱水溫杯後，再把水倒掉。

2　適度浸泡出茶湯後，將茶包撈出，輕輕擠一下，再將玫瑰糖漿與茶湯混合，
均勻攪拌後倒入杯中。

3　用微波爐將牛奶加熱 40～50 秒，再使用電動奶泡器打出奶泡。

4　把打成奶泡的牛奶倒入杯中，用湯匙將剩下的奶泡放上。

5　將裝飾用迷你蘋果切成一半，蘋果切面朝上放在奶泡上，完成。

NOTE

· 　請參照基礎奶茶食譜 III（p.48）。

· 　蘋果的切面接觸到氧氣會有氧化變黑的現
象，只要在切面塗上一點糖水或檸檬汁，就
能防止氧化。用來裝飾奶茶或牛奶時，建議
塗糖水代替檸檬汁會比較適合。

黑糖奶茶

ICED

在還殘留著些許盛夏熱氣的初秋，迎著和煦的微風，
配上柔嫩的豆花，來一杯富有黑糖甜蜜滋味的涼爽奶茶吧！

材料　豆花（p.138）/ 黑糖糖漿 15ml（p.41）
阿薩姆牛奶 100ml（p.34）/ 裝飾用炒花生

作法

1　在杯中放入清涼的豆花，份量約 1/4 杯左右。

2　將黑糖糖漿淋在豆花上，再倒入冰的阿薩姆牛奶。

> **tip**　如果想喝熱的，可以用微波爐將阿薩姆牛奶加熱 40～50 秒，再使用電動奶
> 泡器打出奶泡後倒入杯中。

3　將份量外的牛奶加熱 40～50 秒，再使用電動奶泡器打出奶泡後，僅將奶泡
的部分用湯匙放在杯子的上層。

4　在奶泡上放上裝飾用炒花生，完成。

NOTE

· 　請參照基礎奶茶食譜 VI（p.51）。

· 　若要讓孩子或不適合攝取咖啡因的人飲
用，製作時也可以用無糖豆漿取代阿薩姆
牛奶。

· 　豆花非常軟嫩，可以不用湯匙舀著吃，直
接搭配奶茶一起喝下，能感受到更有趣又
特別的口感。

· 　若是購買市售的炒花生，還是建議可以再用平底鍋炒香，或者用事先預熱
180℃ 的烤箱烘烤 5～8 分鐘左右，徹底去除水分，才能吃到香脆的花生。

迷迭香烏龍薑汁奶茶

HOT

溫差很大的秋天傍晚，就用能溫暖身體的薑和帶來清爽氛圍的迷迭香，
製作一杯暖心的奶茶來喝吧！

材料　烏龍茶 5g / 迷迭香茶 1 / 3ts / 牛奶 250m
　　　　薑汁糖漿 20ml（p.39）/ 裝飾用迷迭香茶 / 裝飾用薑粉

作法

1　在牛奶鍋中放入茶葉和牛奶，均勻攪拌使茶葉充分浸潤。

2　將 1 以小火加熱，待牛奶鍋邊緣開始出現小氣泡，茶葉舒展開來之後，稍微再煮一下，之後關火。

3　接著放入薑汁糖漿，繼續浸泡茶葉 6～10 分鐘。

4　用濾網過濾泡好的茶葉，將奶茶倒入奶泡杯中，再使用電動奶泡器打出奶泡。

5　將打出奶泡的奶茶倒入杯中，撒上裝飾用的迷迭香茶和薑粉，完成。

tip→2
煮茶的同時，在杯中倒入熱水溫杯後，再把水倒掉。

tip→3
烏龍茶因為茶葉縮得較小，要待其完全舒展開來，需要充分浸泡 6～10 分鐘。

NOTE

· 請參照基礎奶茶食譜 II（p.47）。

· 想用烏龍茶製作奶茶，要選擇發酵與烘培程度較重的品項，茶在加入牛奶煮之後的味道才會夠濃。

· 迷迭香有增進血液循環、紓解疲勞的效果。外出後從寒冷的室外回到室內時，很適合泡一杯熱熱的迷迭香茶暖身。

· 薑有溫暖身體、鎮定腸胃的效果，能舒緩被秋季的冷風吹到結凍的身體及脾胃。對喉嚨、支氣管發炎也有幫助，感冒的時候也適合飲用。

· 熟成的迷迭香香氣跟薑的香氣有點相似，所以味道和香氣很能相互調和。

marron chocolate milk tea

栗子巧克力奶茶

秋天一到，就會讓人想起圓滾滾的栗子在炭火上烤得啪嗤作響的美味記憶。
為了不能喝牛奶的各位，這次準備了用杏仁奶製成的奶茶。

材料　栗子紅茶 6g / 杏仁奶 180ml / 巧克力醬 20ml / 裝飾用可可粉

作法

1　在牛奶鍋中放入茶葉和杏仁奶，均勻攪拌使茶葉充分浸潤。

2　將 1 以小火加熱，待牛奶鍋邊緣開始出現小氣泡，茶葉舒展開來之後，倒入巧克力醬均勻混合後關火。

> **tip**　煮茶的同時，在杯中倒入熱水溫杯後，再把水倒掉。
>
> 煮茶的途中就算需要加入其它食材混合，也不需要額外增加浸泡的時間，茶的味道和香氣還是會充分釋出。浸泡太久反而會泡出茶葉中苦澀的味道，影響奶茶的風味，請務必小心。

3　用濾網過濾泡好的茶葉，將奶茶倒入奶泡杯中，再使用電動奶泡器打出奶泡。

4　將打出奶泡的奶茶倒入杯中，撒上裝飾用可可粉，完成。

NOTE

‧　請參照基礎奶茶食譜 II（p.47）。

‧　栗子紅茶是加入栗子香氣的調味紅茶，跟香醇的杏仁奶很搭。如果不用栗子紅茶，可以使用適合搭配杏仁滋味，香氣濃郁的中國紅茶或者印度紅茶。

‧　用一般牛奶代替杏仁奶，也能和栗子的香氣調和得很好。

冬
Winner

空氣寒冷得讓人拉緊衣襟的冬天。
把厚厚的毛手套和圍巾從衣櫃拿出來。
在下起白雪的某個冬日，
跟所愛的人們親密地聚在一起，
喝一杯溫熱的奶茶，
分享溫暖絮語。

raspberry white velvet

覆盆子奶蓋茶

HOT

來製作一杯在滋味醇厚的阿薩姆紅茶裡,加入清新的覆盆子滋味,
再用蓬鬆柔軟的鮮奶油輕輕蓋上的覆盆子奶蓋茶吧!

材料 覆盆子醬 40ml(p.37)/ 阿薩姆牛奶 240ml(p.34)/ 鮮奶油 80ml

砂糖 1ts / 裝飾用可可粉 / 裝飾用蘋果薄荷

作法

1 在杯中放入覆盆子醬,並沿著杯壁倒入事先溫好的阿薩姆牛奶,避免破壞分
層。

> **tip** 如果想喝冰的,可以在杯中放入約占 2/3 的冰塊,再倒入冰的阿薩姆牛奶。

2 在奶泡杯中放入鮮奶油和砂糖,使用電動奶泡器打發成濃稠狀,之後倒入杯
中。

3 在鮮奶油上灑上裝飾用可可粉,再放上蘋果薄荷,完成。

NOTE

· 請參照基礎奶茶食譜 VI(p.51)。

· 推薦搭配巧克力核桃碎(p.136)一起享用。覆盆子奶蓋茶酸甜的滋味,和
巧克力核桃碎濃郁香脆的甜度非常搭。

早安柚子奶茶

HOT

用晚秋時節釀漬的酸甜柚子蜜製作，加入英式早餐茶糖漿，
做成清爽又充滿紅茶香氣的奶茶，盡情享用吧！

材料　柚子蜜 10ml（p.36）/ 牛奶 100ml /
　　　　英式早餐茶糖漿 10ml（p.42）/ 裝飾用柚子皮

作法

1　在杯中放入柚子蜜。

2　將牛奶和英式早餐茶糖漿均勻混合後，用微波爐加熱40～50秒，再使用電動奶泡器打出奶泡。

3　沿著杯壁倒入打好奶泡的奶茶，避免破壞分層，並用湯匙將剩下的奶泡放上。

> **tip**　如果想喝冰的，可以在杯中放入約占2/3的冰塊，再倒入打好奶泡的牛奶。

4　將切成細絲的裝飾用柚子皮擺在奶泡上，完成。

NOTE

・　請參照基礎奶茶食譜 VI（p.51）。

・　因為市售產品味道較甜，如果要使用現成的柚子蜜，建議適度調節柚子蜜的用量。

・　如果想喝冰的，用柑橘香氣強烈的伯爵茶糖漿代替英式早餐茶糖漿會更適合。

cinnamon walnut milk tea

肉桂核桃奶茶

$$\text{HOT}$$

用充滿堅果香氣的核桃和能溫暖身體的肉桂，
製作一杯適合寒冷冬日的熱呼呼奶茶。

材料　肉桂紅茶茶包1個 / 核桃花生豆漿200ml / 砂糖2ts
　　　　裝飾用核桃碎 / 裝飾用肉桂粉

作法

1　在牛奶鍋中放入茶包和核桃花生豆漿，以小火加熱，待牛奶鍋邊緣開始出現小氣泡，再稍微煮一下後關火。

> **tip**　煮茶的同時，在杯中倒入熱水溫杯後，再把水倒掉。

2　加入砂糖，攪拌使其溶化後，再繼續浸泡5分鐘。

3　將茶包撈出，輕輕擠一下，再將奶茶倒入杯中。

4　將材料份量外的核桃花生豆漿用微波爐加熱40～50秒，再使用電動奶泡器打出奶泡，並用湯匙將奶泡舀到杯上。

5　將裝飾用的核桃碎和肉桂粉撒在奶泡上，完成。

NOTE

·　請參照基礎奶茶食譜II（p.47）。

·　肉桂紅茶是微微帶有肉桂香氣的調味紅茶，很適合搭配香濃的核桃花生豆漿。如果沒有肉桂紅茶，也可以使用加有甜辣辛香料的香料紅茶。

hoji chai milk tea

焙煎香料奶茶

⬤ HOT ⬤

白雪靄靄的冬日，
要不要來杯用焙茶和各種辛香料製成的焙煎香料奶茶呢？

材料 焙茶 3g / 切碎的肉桂棒 1 / 4ts / 丁香 2 顆 / 整顆胡椒粒 3～4 粒
肉豆蔻粉 1 / 4ts / 薑粉 1 / 4ts / 牛奶 200ml / 黃糖 3ts
裝飾用肉桂棒 / 裝飾用焙茶粉 / 裝飾用肉桂粉

作法

1 將肉桂棒搗碎，使味道和香氣更能充分釋放。

> **tip** 煮茶的同時，在杯中倒入熱水溫杯後，再把水倒掉。

2 在牛奶鍋中放入弄碎的肉桂棒、焙茶、丁香、胡椒粒、肉豆蔻粉、薑粉和牛奶，均勻攪拌使所有材料充分浸潤。

3 將 2 以中火加熱，煮到滾出大顆氣泡時便可關火，再加入砂糖攪拌使其溶化。

4 用網篩過濾材料，在杯中插入裝飾用肉桂棒後，再倒入奶茶。

5 將材料份量外的牛奶用微波爐加熱 40～50 秒，再使用電動奶泡器打出奶泡，並用湯匙將奶泡舀到杯上。

6 把裝飾用焙茶粉和肉桂粉撒在奶泡上，完成。

NOTE

- 請參照基礎奶茶食譜 IV（p.49）。
- 把綠茶茶葉用不沾鍋搭配中火翻炒，直到茶葉變成褐色為止，就能製作出滋味獨特的焙茶。
- 可依個人喜好調整要加入焙煎香料奶茶的辛香料，就能親手作出各種味道不同的奶茶。
- 香料奶茶裡的辛香料多有暖身效果，很適合在寒冷的冬天享用。

聖誕奶茶

HOT

今年的聖誕節，就一邊喝著放滿鮮奶油的濃郁巧克力奶茶，
一邊跟所愛的人愉快談天吧！

材料　巧克力紅茶茶包1個 / 牛奶250ml / 黃糖2ts / 打發用鮮奶油100ml
白糖2ts / 君度橙酒1ts / 裝飾用柳橙果乾片 / 裝飾用八角
裝飾用粉紅胡椒 / 裝飾用迷迭香

作法

1　在牛奶鍋中放入茶包和牛奶，以小火加熱，待牛奶鍋邊緣開始出現小氣泡，
再稍微煮一下後關火。

> **tip**　煮茶的同時，在杯中倒入熱水溫杯後，再把水倒掉。

2　加入黃糖，攪拌使其溶化後，再繼續浸泡5分鐘。

3　將茶包撈出，輕輕擠一下，再將奶茶倒入杯中。

4　將打發用鮮奶油、白糖和君度橙酒放入大碗打發，打到舉起打蛋器時鮮奶油
呈尖角狀即可。

5　將星型花嘴裝上擠花袋，裝入鮮奶油，在杯子上擠出一圈圓形。

6　把裝飾用柳橙果乾片和八角放在鮮奶油上，再撒上一點粉紅胡椒，最後插上
迷迭香，完成。

NOTE

- 請參照基礎奶茶食譜II（p.47）。

- 如果想製作出濃郁的巧克力滋味，可以用巧克力醬取代茶中的砂糖。

- 在鮮奶油中加入君度橙酒，可以讓奶茶蘊含淡淡的柑橘香氣。

- 鮮奶油可用湯匙舀起享用，或跟奶茶混合飲用。若要混合後一起喝，可以刪
減鮮奶油份量，太多的話口感可能會偏膩。

- 請搭配抹上檸檬奶霜的檸檬威化餅乾一起享用吧！酸甜的滋味跟巧克力的味
道很搭，也能保持口中清新。

Part 3

茶點食譜

來學一下用奶茶製作的茶點，還
有搭配奶茶享用更美味的甜點作
法吧！

皇家法式吐司

法式吐司是西方人很常作為早餐選項的料理，散發出紅茶香氣的鬆軟法式吐司，
配上柔和的鮮奶油一起享用。

材料

牛奶厚片吐司 2 片　　　　　　雞蛋 1 個

皇家奶茶 150g（p.64）　　　　打底用無鹽奶油少許

鮮奶油 100g　　　　　　　　　砂糖 8g

裝飾用肉桂粉　　　　　　　　　裝飾用粉紅胡椒

裝飾用蘋果薄荷

事前準備

・　將雞蛋放置於室溫下待其恢復常溫。

・　參照 p.64 製作皇家奶茶，備用。

NOTE

・　雖然剛烤好的法式吐司是最好吃的，不過萬一有剩的話，可以用保鮮膜包
　　好，放入冷凍庫保存，之後取出再烤一次也很美味。

・　比起酸甜的新鮮水果，加入奶茶的法式吐司更適合淋上焦糖或巧克力醬，也
　　很適合搭配加入肉桂粉的糖漬蘋果。

作法

1 切掉吐司邊，再把吐司切成3cm大小的方塊。

2 在大碗內打入雞蛋，倒入皇家奶茶，均勻混合後浸入吐司塊，使每一面均勻沾上蛋汁。

3 把浸過蛋汁的吐司塊放到烤盤上，再將剩餘蛋汁均勻淋在吐司上。靜置10分鐘等待吐司塊充分吸滿蛋汁，之後將吐司塊翻面再次等候10分鐘。

tip 若使用一般厚度的吐司，只要各自靜置5分鐘即可。

4 以小火加熱平底鍋，放上無鹽奶油融化後，再放入浸潤蛋汁的吐司塊，把每一面均勻煎至金黃色，裝盤備用。

5 在碗中放入鮮奶油和砂糖，用電動奶泡機打發至稍濃稠狀。

6 將鮮奶油淋上法式吐司，再撒上裝飾用肉桂粉、粉紅胡椒，最後放上蘋果薄荷，完成。

仕女伯爵茶蛋糕

用有著清新香氣和柔和滋味的仕女伯爵茶，
做出適合下午茶時光的高級茶蛋糕吧！

材料

無鹽奶油 65g	砂糖 70g
雞蛋 1 個	香草精 3～4 滴
低筋麵粉 75g	磨細的仕女伯爵茶 2g
椰子細粉 5g	倫敦之霧奶茶 65g（p.68）
裝飾用矢車菊	裝飾用紅茶茶葉

｜糖霜｜	糖粉 35g
	倫敦之霧奶茶 10g

份量

圓環小烤模 6 個

事前準備

- 將奶油、雞蛋放置於室溫下待其軟化及恢復常溫。
- 參照 p.68 製作倫敦之霧奶茶，備用。
- 烤箱事先預熱 170°C。

NOTE

- 蛋糕做好如果沒有要馬上享用，可以在不塗糖霜的狀態下裝進密閉容器中冷凍保存，吃之前置於常溫下約 20 分鐘，自然解凍後再塗上糖霜享用即可。如果塗了糖霜再冷凍，糖霜表面可能會變硬而裂開，顏色也會改變。

作法

1　在圓環烤模中均勻刷上製作材料份量之外已軟化的奶油，之後將烤模放入冰箱冷藏。

2　將恢復室溫的奶油放入大碗，用打蛋器打軟後加入砂糖，繼續攪打至顏色變白為止。

3　在另一個碗內放入雞蛋和香草精，均勻混合後，分成三次倒入奶油糊中，並同時以打蛋器打發。

4　將低筋麵粉、磨細的仕女伯爵茶和椰子細粉過篩入碗，用攪拌刮刀均勻拌至光滑沒有粉狀。

tip→4

若麵糊被過度攪拌，會導致蛋糕烘烤時變硬、質地疏鬆，所以在用刮刀拌勻時要盡量減少用刀側攪動的次數，建議使用刮刀的面輕撥、混勻。

5 將倫敦之霧奶茶分三次倒入，並同時用打蛋器均勻混合。

6 把麵糊裝進擠花袋中，將麵糊擠滿烤模的80%，之後舉起烤模，用底部輕敲桌面，去除麵糊中的氣泡並使表面平整。

7 將烤模放入事先預熱170°C的烤箱，烘烤20分鐘之後取出，置於室溫下放涼後再將蛋糕脫模。

8 將糖霜用量的糖粉過篩入碗，並加入倫敦之霧奶茶，均勻混合。

9 在茶蛋糕的表面塗上糖霜，在糖霜乾掉前撒上裝飾用矢車菊和紅茶葉，完成。

tip→8
糖霜的濃度會依據操作環境不同而有所改變，所以也可以稍微增減奶茶份量來調整濃度。

5-1 5-2 6-1
6-2 7 8
9-1 9-2 9-3

milk tea cookie

奶茶餅乾

可以添加各式奶茶，自由變化的香脆餅乾。
適合在念書或閱讀時作為簡單的小點心享用，用充滿穀香的全麥和香濃的奶茶製成。

材料

砂糖 30g

倫敦之霧奶茶 30g（p.68）

磨細的仕女伯爵茶 2g

玉米粉 25g

鹽少許

芥花油 35g

全麥麵粉 75g

份量

直徑 4cm，16 片

事前準備

· 　參照 p.68 製作倫敦之霧奶茶，備用。

· 　在烤盤鋪上烘焙紙。

· 　烤箱事先預熱 160°C。

作法

1　在碗中放入砂糖、鹽、倫敦之霧奶茶，用打蛋器均勻混合。

2　放入芥花油，用打蛋器均勻混合。

3 　將磨細的仕女伯爵茶、全麥麵粉和玉米粉篩入碗中，用攪拌刮刀均勻拌至光
　　滑沒有粉狀。

4 　將麵團分為約10g的小塊，搓圓壓扁後放在烤盤上，再用叉子按壓出壓紋。

5 　將烤盤放入事先預熱160°C的烤箱，烘烤20分鐘，之後取出置於室溫下徹底
　　放涼，完成。

milk tea madeleine

奶茶瑪德蓮

用奶茶做做看下午茶時光不可或缺的點心——瑪德蓮吧！
口感濕潤的瑪德蓮，稍微在咖啡或紅茶裡浸泡一下再吃也非常美味。
以下將介紹用兩種奶茶做成的瑪德蓮，就依個人喜好擇其所愛吧！

材料

│黑糖焙煎奶茶瑪德蓮│

無鹽奶油 60g　　　　　　雞蛋 1 個

蜂蜜 15g　　　　　　　　砂糖 30g

低筋麵粉 50g　　　　　　泡打粉 2g

磨細的焙茶 2g　　　　　　焙煎香料奶茶 25g（p.98）

裝飾用黑糖糖漿（p.41）

│祁門奶茶瑪德蓮│

無鹽奶油 60g　　　　　　雞蛋 1 個

蜂蜜 15g　　　　　　　　砂糖 30g

低筋麵粉 50g　　　　　　泡打粉 2g

磨細的祁門紅茶 2g　　　　中式皇家奶茶 25g（p.64）

裝飾用糖粉

份量

瑪德蓮模型 8 個

事前準備

・　　將雞蛋放置於室溫下待其恢復常溫。

・　　參照各頁資訊，先做好焙煎香料奶茶、黑糖糖漿、中式皇家奶茶等，備用。

・　　烤箱事先預熱 180℃。

作法

1   在瑪德蓮模型中均勻刷上材料份量外已軟化的奶油，之後將模型放入冰箱冷藏。

2   在碗中放入奶油，隔水加熱使其融化，使用前將奶油溫度保持在60°C。

3   在另一個碗中打入雞蛋，並分別加入蜂蜜和砂糖，均勻混合。

4   將低筋麵粉、泡打粉和磨細的茶葉過篩入碗，用打蛋器均勻拌至光滑沒有粉狀。

5   分三次加入步驟2融化的奶油，每次加入都用打蛋器均勻攪拌。

tip → 2

將奶油溫度維持在60°C，加入麵糊中攪拌時才能均勻混合，做出口感濕潤的瑪德蓮。

tip → 3

分別加入蜂蜜和砂糖時，要分次攪拌，才能避免結塊、均勻混合。

tip → 5   若奶油冷卻，可以再次隔水加熱，或使用微波爐將奶油加熱提高至60°C。

6 倒入奶茶，用打蛋器均勻攪拌。

7 將碗內材料用保鮮膜覆蓋後，放入冰箱冷藏，靜置30分鐘以上。

8 把麵糊裝進擠花袋中，將麵糊擠滿瑪德蓮模型的90%，之後舉起模型，用底部輕敲桌面，去除麵糊中的氣泡並使表面平整。

9 將模型放入事先預熱180℃的烤箱，烘烤12分鐘之後取出，置於室溫下放涼後再將瑪德蓮脫模。

tip→9 注意！若尚未完全冷卻就脫模，可能會導致瑪德蓮外型扁塌。

tip→7
要充分靜置30分～1小時左右，才能做出瑪德蓮的Q彈口感。但如果放太久，麵糊的狀態反而會變差，務必注意時間。

tip→8
如果模型內放入太多麵糊，烘烤時麵糊可能會溢出，使瑪德蓮變成空心狀態，建議填入麵糊的量比模型的深度稍微淺一點。

10 以裝飾用材料做最後裝飾，完成。

　　① 黑糖焙煎奶茶瑪德蓮：把黑糖糖漿裝入迷你滴管，插在瑪德蓮上。

　　② 祁門奶茶瑪德蓮：將瑪德蓮並排斜放在烤盤上，中間擺上直尺，過篩撒上
　　　　糖粉裝飾。

自宅的四季奶茶時光

奶茶羊羹

羊羹在中國原本是用羊肉及羊血凝固製成的食物，
據說傳至日本寺廟後，僧侶們改用紅豆取代羊血凝成羊羹。
現在就來試試看用奶茶做成羊羹，作為過節的贈禮或茶點吧！

材料

| 皇家奶茶羊羹 |

白豆沙 100g　　　　　　　寒天粉 12g
皇家奶茶 300g（p.64）　　砂糖 140g
裝飾用柳橙皮

| 艾草拿鐵羊羹 |

白豆沙 100g　　　　　　　寒天粉 12g
艾草拿鐵 300g（p.60）　　砂糖 140g
裝飾用糖漬蜜紅豆

份量

4cm 羊羹模型 12 個

事前準備

- 參照各頁資訊，先做好皇家奶茶或艾草拿鐵，備用。
- 事先切碎要放進皇家奶茶羊羹的柳橙皮。

NOTE

- 沒用完的白豆沙很容易乾掉，所以要用保鮮膜密封好，冷藏保存。
- 羊羹中含有較多水分，在室溫下容易壞掉，因此需要放入密閉容器冷藏保存。若是在冰箱中存放太久，羊羹也容易出水導致質地變硬，口感不佳，因此建議最好在 2～3 天內食用完畢。

作法

1   將白豆沙放入碗中，用攪拌刮刀攪拌使其變軟。

2   ① 皇家奶茶羊羹：為了方便羊羹脫模，在羊羹模型內稍微噴一點水。

     ② 艾草拿鐵羊羹：為了方便羊羹脫模，在羊羹模型內稍微噴一點水，再放
        入適量的裝飾用糖漬蜜紅豆。

3   將寒天粉和奶茶（拿鐵）倒入牛奶鍋中均勻混合，之後靜置10分鐘等寒天
     粉泡發。

4   在鍋中加入砂糖，並以小火熬煮，持續攪拌，煮到砂糖完全融化後轉為中
     火，繼續煮至寒天液變為濃稠狀，關火。

5 加入步驟1的白豆沙，均勻混合後再次以小火熬煮約1分鐘。

6 將羊羹糊倒入羊羹模型中。

7 ① 皇家奶茶羊羹：放上裝飾用柳橙皮，在室溫下待其完全凝固，完成。

　　② 艾草拿鐵羊羹：在室溫下待其完全凝固，完成。

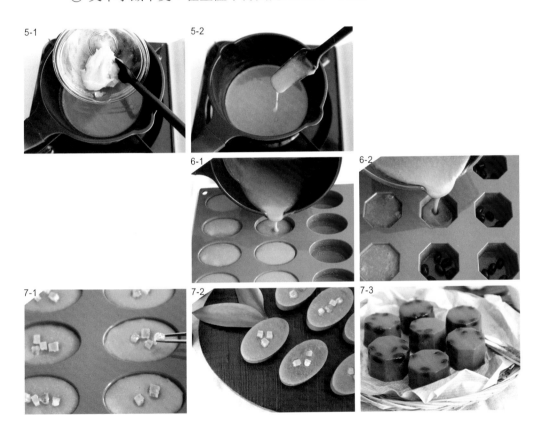

香料奶茶烤布蕾

「烤布蕾」（*crème brulee*）的意思是「在火上烤焦的奶油」，
是將砂糖撒在冰涼的卡士達醬上，再用火稍微烤焦的一種法式甜點。
敲碎甜香的焦糖層，就可以和底下柔軟香甜的卡士達醬見面了。

材料

| 香料奶茶 |

阿薩姆 CTC 6g　　　　　　　鮮奶油 160g

牛奶 50g　　　　　　　　　肉桂粉 1/4t

肉荳蔻粉 1/4t　　　　　　　丁香 2 顆

| 香料奶茶卡士達醬 |

香料奶茶　　　　　　　　　蛋黃 30g

黃糖 10g　　　　　　　　　白糖 25g

香草精少許

糖漬栗子 4 顆　　　　　　　焦糖用白糖適量

份量

7cm 圓形烤皿 4 個

事前準備

· 烤箱事先預熱 140C。

NOTE

· 可以用糖漬的大豆、紅豆取代糖漬栗子，或者加入無花果乾等，跟香料奶茶卡士達醬的味道也很搭。

· 吃烤布蕾之前要先將砂糖用火烤焦製作焦糖層，才能敲碎酥脆的焦糖後享用。若做好焦糖層之後擺放太久，焦糖層會融解變軟，所以如果沒有要馬上享用，便無需先製作焦糖層，直接裝進密閉容器冷藏保存即可。

作法

1　把廚房紙巾鋪在耐熱烤盤上，再放上圓形烤皿。

2　將糖漬栗子切成1cm左右大小，鋪在烤皿底部。

3　將製作香料奶茶的所有材料放入牛奶鍋中，開小火熬煮，待牛奶鍋邊緣開始出現小氣泡，茶葉舒展開來之後，稍微再煮一下，之後關火。

4　浸泡5分鐘後過濾所有材料，將奶茶放涼。

5　在碗內放入蛋黃、砂糖和香草精，用打蛋器拌勻後，一點一點加入步驟4的奶茶，均勻攪拌，製成卡士達醬。

6 將香料奶茶卡士達醬倒入圓形烤皿，約滿至烤皿的 80%。

7 在烤盤上倒入熱水，水量約淹過烤皿高度的一半，之後用鋁箔紙包住烤皿。

8 放入事先預熱 140°C 的烤箱，烘烤 20～25 分鐘後取出，置於室溫下完全冷卻後，再放入冰箱暫時冷藏。

9 在冰涼的香料奶茶卡士達表面灑上砂糖，用瓦斯噴槍將砂糖稍微烤焦，製作焦糖層。重複一次這個步驟，可以做出更酥脆的焦糖層，完成。

tip → 7

在烤盤上倒入熱水再烘烤，可以讓卡士達醬迅速烤熟並保持柔軟，有著柔嫩的口感。

茶點食譜 129

奶茶義式冰沙

「Granita」是一種將飲料冷凍後壓碎享用的義大利式冰沙，用奶茶製作義式冰沙，
鬆鬆軟軟的碎冰清涼感十足，能夠更冰涼地享用美味奶茶。

材料

皇家奶茶（p.64）

作法

1　將皇家奶茶倒入可冷凍存放的烤盤中，放進冰箱冷凍約 1 小時。

2　從冷凍庫取出奶茶，用叉子輕輕刮碎。

3　再次將奶茶放進冰箱冷凍約 1 小時，並重複用叉子刮碎，這個步驟重複 2～3
　　次之後，將冰沙放回冷凍庫使其完全冷凍。

4　將冰沙放入事先冰過的杯子，完成。

NOTE

· 　要做義式冰沙的奶茶建議以熬煮的方式製作，並且要選用味道及香氣濃厚的
　　奶茶。因為結凍的液體在開始融化前較難品嘗到原本的滋味，味道要夠濃
　　厚，才能確實感受到奶茶的原味。

chocolate cranberry scone

巧克力蔓越莓司康

•

添加巧克力和蔓越莓，甜中帶著水果酸甜的司康。
不只可以配紅茶享用，和奶茶也很搭。

材料

蔓越莓乾 40g	蘭姆酒適量
低筋麵粉 200g	泡打粉 10g
砂糖 20g	鹽少許
無鹽奶油 100g	原味優格 80g
鮮奶油 30g	烘焙用巧克力豆 40g

份量

長度 10cm，8 塊

事前準備

- 奶油保持在冷藏狀態，無需事先退冰。
- 在烤盤鋪上烘焙紙。
- 烤箱事先預熱 180℃。

NOTE

- 先把蔓越莓乾用蘭姆酒浸漬過再放進烤箱烘烤，果乾就不會變硬了。

- 鮮奶油和奶油的風味跟堅果也很搭，所以也可以加入大量的堅果取代巧克力。

- 將烤好的司康裝進密閉容器，放在沒有直射光線的陰暗乾燥處保存，約可存放 2～3 天。如果想存放久一點，可以等司康完全冷卻後用保鮮膜各自包好，放進密閉容器後再放入冷凍庫保存，要吃的時候再拿出來重新用小烤箱再烤一次，便能品嘗到口感濕潤的司康。

- 加入許多材料的司康比起抹上酸酸甜甜的果醬，更適合搭配味道柔和的奶油乳酪，或者英式凝脂奶油（clotted cream）。

作法

1 將蔓越莓乾和蘭姆酒放入碗中，適度浸漬後，將剩餘的蘭姆酒倒出來。

2 將低筋麵粉、泡打粉、砂糖和鹽放入食物調理機，再倒入切碎的奶油，打勻混合。

3 將步驟2的食材放入另一個碗中，加入原味優格和鮮奶油，用攪拌刮刀輕輕攪拌，拌到看不見粉狀、呈光滑狀為止。

4　將蔓越莓乾和巧克力豆加入步驟3，用刮刀
　　均勻混合直到呈現麵團狀。

5　將麵團裝進塑膠袋中，放進冰箱冷藏靜置約
　　30分鐘。

6　把靜置好的麵團放在砧板上，搓圓壓扁成厚
　　2cm的圓餅，再切成8等分。

7　將司康麵團放在烤盤上，放入事先預熱
　　180°C的烤箱，烘烤10分鐘，完成。

tip → 4

拌麵團時若直接用手塑形，
則必須迅速動作，以免手的
溫度導致奶油融化使麵團變
稀軟，烤的時候可能讓司康
因此變硬。

4-1　4-2　5

6　7-1　7-2

chocolate walnut crunch

巧克力核桃碎

---●---

烤過更香脆的核桃再加上焦糖和巧克力，更增添了一分香甜。
巧克力跟莓果類的水果本來就很搭，再搭配加入水果的奶茶就更美味了。

材料

砂糖 40g　　　　　　高果糖糖漿 30g

核桃 50g　　　　　　黑巧克力 50g

事前準備

- 在烤盤鋪上烘焙紙。
- 烤箱事先預熱180°C。

作法

1　把核桃放入事先預熱180°C的烤箱，烘烤5～7分鐘，烤到一半的時候記得替核桃翻面。

2　將砂糖和高果糖糖漿放入牛奶鍋中，用小火煮到砂糖融化，待其完全融化後轉為中火，一直煮到糖漿呈褐色為止。

3　完成焦糖糖漿後關火，立刻將核桃放入鍋中，均勻攪拌。

4　把完整包覆著焦糖糖漿的核桃倒在烤盤上，鋪平後置於室溫下待其完全冷卻。

> **tip → 1**
>
> 也可以把核桃放入平底鍋中，用中火炒到散發出香氣為止。
>
> **tip → 3**
>
> 若放入冷掉的核桃，會讓熱騰騰的焦糖糖漿突然冷卻，可能在拌勻核桃前就會凝固，因此要注意維持核桃的熱度。

5　將放涼的核桃切成1cm左右的大小，再把巧克力放進碗中隔水加熱，使巧克力完全融化。

6　把核桃碎倒入融化的巧克力中，拌勻後在烤盤上鋪平攤開，之後放進冰箱冷藏，待其完全變硬，完成。

NOTE

- 巧克力核桃碎可以裝進密閉容器，放在不會照到光、陰暗且乾燥的地方保存約1星期左右。

tofu pudding

奶茶豆花

豆花是中國、台灣、香港等地常見的甜點。把糖漿淋在柔嫩的豆花上，
再放上花生等各種配料，也很適合當作營養的點心享用。

材料

無糖豆漿（或阿薩姆牛奶）250g　　　水 25g

吉利丁 5g　　　黑糖糖漿 30g（p.41）

配料：蜜紅豆　　　配料：炒花生

配料：蜜漬豆類

事前準備

・　將吉利丁放入加了冰塊的冰水中浸泡 20 分鐘。

・　參照 p.41 製作黑糖糖漿，備用。

NOTE

・　就算買的是已經炒過的花生，還是建議再炒一次，或者放進事先預熱 180°C
　　的烤箱烘烤 5～8 分鐘，去除水分，便能從頭到尾品嘗到香脆的花生。

茶點食譜　139

作法

1　在牛奶鍋中放入無糖豆漿和水，以小火加熱，待牛奶鍋邊緣開始出現小氣泡後關火。

2　將事先泡好的吉利丁用力擠乾水分，再放進牛奶鍋中，攪拌使其融化。

3　把步驟2的液體裝入密閉容器中，放在室溫下完全冷卻後，再放入冰箱冷藏6～8小時以上待其凝固。

6　用湯匙挖起凝固的豆花裝入器皿中，份量約至器皿的一半。

5　將黑糖糖漿淋上豆花，再放上配料的蜜紅豆、炒花生及蜜漬豆類，完成。

4-1

4-2

5-1

5-2

5-3

5-4

5-5

自宅的四季奶茶時光

原 著 書 名／사계절 밀크티 시간
作　　　者／李周弦（이주현）
譯　　　者／徐小為
企 畫 選 書／張詠翔
責 任 編 輯／張詠翔

版　　　權／黃淑敏、劉鎔慈
行 銷 業 務／周丹蘋、黃崇華、周佑潔
總 編 輯／楊如玉
總 經 理／彭之琬
事業群總經理／黃淑貞
發 行 人／何飛鵬
法 律 顧 問／元禾法律事務所　王子文律師
出　　　版／商周出版
　　　　　　臺北市中山區民生東路二段141號9樓
　　　　　　電話：(02) 25007008　傳真：(02) 25007759
　　　　　　E-mail:bwp.service@cite.com.tw
發　　　行／英屬蓋曼群島商家庭傳媒股份有限公司城邦分公司
　　　　　　臺北市中山區民生東路二段141號2樓
　　　　　　書虫客服服務專線：(02) 25007718‧(02) 25007719
　　　　　　24小時傳真服務：(02) 25001990‧(02) 25001991
　　　　　　服務時間：週一至週五09:30-12:00‧13:30-17:00
　　　　　　郵撥帳號：19863813　戶名：書虫股份有限公司
　　　　　　E-mail：service@readingclub.com.tw
　　　　　　歡迎光臨城邦讀書花園　網址：www.cite.com.tw
香港發行所 ／城邦（香港）出版集團有限公司
　　　　　　香港灣仔駱克道193號東超商業中心1樓
　　　　　　電話：(852) 25086231　傳真：(852) 25789337
　　　　　　Email：hkcite@biznetvigator.com
馬新發行所／城邦（馬新）出版集團 Cite (M) Sdn. Bhd.
　　　　　　41, Jalan Radin Anum, Bandar Baru Sri Petaling, 57000 Kuala Lumpur, Malaysia
　　　　　　電話：(603) 90578822　傳真：(603) 90576622
　　　　　　E-mail：cite@cite.com.my

封 面 設 計／兒日工作室
排 版 設 計／豐禾工作室
印　　　刷／韋懋印刷有限公司
經 銷 商／聯合發行股份有限公司
　　　　　　電話：(02)29178022　傳真：(02)29178022
　　　　　　地址：新北市231新店區寶橋路235巷6弄6號2樓

2020 年 09 月初版
定價／400 元

사계절 밀크티 시간 (Four Seasons MILK TEA Time)
Copyright © 2019 by 이주현 (LEE JUHYUN, 李周弦)
All rights reserved.
Complex Chinese Copyright © 2020 by BUSINESS WEEKLY PUBLICATIONS
A DIVISION OF CITE PUBLISHING LTD.
Complex Chinese translation Copyright is arranged with SIDAEGOSI
through Eric Yang Agency
著作權所有，翻印必究
ISBN 978-986-477-900-0

Printed in Taiwan

城邦讀書花園
www.cite.com.tw

國家圖書館出版品預行編目資料

自宅的四季奶茶時光 / 李周弦（이주현）著；徐小為譯. -- 初版. -- 臺
北市：商周出版：家庭傳媒城邦分公司發行, 2020.09
　　面；　公分
　　譯自：사계절 밀크티 시간
　　ISBN 978-986-477-900-0（平裝）

　　1.茶食譜 2.點心食譜

427.41　　　　　　　　　　　　　　　　　109011687